Made in the USA
Middletown, DE
05 June 2020

96855935R00070